科学全知道系列

昆虫，
我们离不开你

[韩]韩永植◎著
[韩]韩相言◎绘
千太阳◎译

U0162404

吉林科学技术出版社

和地球的守护者——昆虫，做好朋友吧

经过46亿年的漫长岁月，地球上的生物一个接着一个诞生了。其中，昆虫大约在4亿年前就出现了，而人类的祖先大约出现在300万年前。

昆虫们有的在天空中自由地飞翔，有的在地上欢快地蹦蹦跳跳，有的一声不响地爬来爬去，有的在水中悠闲地东游西荡。它们就这样和人类一起幸福而安宁地生活在地球上。

整天飞来飞去忙忙碌碌的小蜜蜂，可是一种历史非常悠久的昆虫呢，9 000年前西班牙洞窟的壁画上就出现了蜜蜂。而可爱的白白胖胖的蚕宝宝，在东西方文化交流中扮演着外交官的角色。用蚕丝制成的东方绸缎很受西方国家的欢迎。

美丽的蝴蝶和勤劳的蜜蜂能够帮助植物授粉，从而结出丰硕的果实；蜣螂（qiāng láng，也叫屎壳郎）能够搬动比自己身体大几倍的牛粪，为土壤带来丰富的养分。这些都是人类要感谢的昆虫。而叮咬人的蚊子，吸人血和牲畜

血的跳蚤，破坏农作物的稻飞虱和蚱蜢，这些昆虫都是对人类生存有害的昆虫，让人讨厌。小朋友们对这些多种多样的昆虫有多少了解呢？作为昆虫博士的我，虽然不能介绍所有的昆虫，但是我要向你们推荐这本记载着昆虫基本知识的书——《昆虫，我们离不开你》。这本书将会告诉你们什么是真正的昆虫、昆虫是如何分类的、昆虫的特征是什么等丰富有趣的昆虫知识。如果想和昆虫做朋友，大家就必须了解这些知识。

今天，我们身边依然生活着许多昆虫。它们在蔚蓝的天空下自由自在地翱翔，在树林和草地上蹦蹦跳跳，在水中欢快地游来游去，在水面上尽情地嬉戏舞蹈。

如果这些昆虫从地球上消失，生态系统中的许多动物就会饿死，许多植物也会枯死。因为，几乎所有的动植物都要依靠昆虫的帮助来繁衍生息，需要在昆虫给予养分的土壤里茁壮成长。

昆虫是维护地球生态系统的守护者。我们要和这些装饰地球、守护地球的昆虫朋友愉快、和平地共同生活下去！

目录

地球的守护者——昆虫 / 6

介绍昆虫啦

到底谁才是昆虫呢 / 10

昆虫的模样是这样的 / 14

昆虫为什么会变身呢 / 21

点点名，昆虫是最多的 / 24

昆虫是生态系统的守护者 / 27

呵！昆虫怎么会这样

昆虫忙碌的一生 / 30

蜉蝣虫儿真的只能活一天吗 / 35

昆虫生活在什么地方呢 / 36

逃跑大王——昆虫 / 41

举办特长表演大赛啦 / 46

昆虫喜欢唠叨 / 51

气象预报员——昆虫 / 56

有时候是朋友，有时候是敌人 / 57

昆虫集合啦

穿盔甲的步行虫科 / 62

我的名字叫大王！拥有特殊名字的甲虫 / 66

像花儿一样美丽的蝴蝶科 / 68

飞行时，发出嗡嗡声的蜂科和苍蝇科 / 74

甜蜜的蜂窝里，有谁在生活呢 / 79

拥有红色吸管嘴的蝽科和蝉科 / 80

为了寻找另一半而叫个不停的蝉 / 84

天空中的飞行者——蜻科、蜓科 / 86

蜻蜓&蜻蛉 / 90

森林中的管弦乐队——蝗科 / 91

喜欢水的水生昆虫 / 94

那个，我们也是昆虫 / 98

与昆虫相关的谚语 / 104

人类和昆虫是一起生活的

我们是地球村的同一个家族 / 108

对昆虫的研究很重要 / 114

要不要一起出发去采集昆虫啊 / 116

在家养昆虫 / 120

和昆虫一起生活 / 123

一起来保护濒临灭绝的昆虫吧 / 124

地球的守护者——昆虫

　　嘘，请试着静静地倾听。是不是听到了什么声音呢？听不清楚吗？那么请瞪大眼睛仔细瞧一瞧周围，能看到小小的昆虫们在干什么吗？在地球上，昆虫是所有生物中数量和种类最多的。到目前为止，已发现的昆虫就有一百多万种，如果把那些虽然生活在地球上，但是还没有被发现的昆虫也计算在内的话，昆虫的种类多达500万种呢。昆虫在地球上生活了长达4亿年的时间，而人类在地球上才生活了300多万年，根本没法和昆虫比。我们应该感谢昆虫，它们能够帮助地球上其他的生物繁衍生息；帮助植物授粉，从而使植物能够结出丰硕的果实，而这些果实又

将成为其他动物的食物。昆虫在维持生态平衡中起到了举足轻重的作用。不仅如此，昆虫还为人类提供了便利的生活，比如说人们可以用蚕丝织布等。一旦昆虫从地球上消失，生活在地球上的许多生物都会有生命危险。

但是我们对如此善良可爱的昆虫了解多少呢？

我希望小朋友们能够和昆虫建立亲密的关系。如果想和对方交朋友，是不是首先要了解对方呢？这本书将会告诉小朋友们：昆虫的模样、昆虫是如何生存的、昆虫的种类等我们必须了解的基础知识。读完这本书，各位小朋友就能拥有世界上最多的昆虫朋友。

那么，现在就和我一起去见见那些昆虫朋友吧！不需要穿帅气、漂亮的衣服，只要带上各位明亮的眼睛就够了。都准备好了吗？那我们就出发吧！一起去见见地球的守护者——昆虫喽！

到底谁才是昆虫呢

哗啦啦……

雨下了整整一个晚上。蚯蚓从湿润的土地里把头伸出来了；滴着雨珠的树叶上，蜗牛在悠闲地爬着；蜘蛛则在树枝间忙着织网；在人们都熟睡的房间里，蟑螂正忙着寻觅食物，飞快地来回穿梭着。

蚯蚓、蜗牛、蜘蛛、蟑螂之间没有一点儿相似的地方，但它们都属于同一个家族——虫子家族。虫子家族非常庞大。那边栎树下好像穿着盔甲

哇 是虫子！

的双叉犀金龟，也属于虫子家
族。但是，双叉犀金龟可不喜欢我们叫它虫子呢。啊，糟
糕，双叉犀金龟好像听到了。

　　"谁又在叫我虫子？你看，我是昆虫！如果我叫你
'动物'，而不是'人类'，你高兴吗？哼！"

这又是什么意思呢？

人属于动物，但是一般不叫"动物"，而是叫"人类"或者"人"。因为动物中还包括除人类以外的其他动物，比如狗和猫等。

双叉犀金龟虽然也是虫子，但更具体地说，它是昆虫。所以，为了区别于其他虫子，双叉犀金龟要求我们叫它昆虫。

那么，在各类虫子中，如何把昆虫区分出来呢？

昆虫大部分有三对足，一对触角。身体分为头部、胸部、腹部。那么，刚刚看过的那些虫子里面哪些才是昆虫呢？

12

蚯蚓没有腿，也没有触角，所以不是昆虫；蜗牛腹部虽然有"足"，但不是三对，所以也不是昆虫；而蜘蛛没有触角，有四对足，当然也不是昆虫。但是，蟑螂有三对足，一对触角！所以蟑螂是昆虫哟。

以后要是见到虫子，一定要仔细观察足和触角才行。只有这样，才可以正确地判断它是不是昆虫。

虫子家族谱
- - - - - - - - - - - - - -

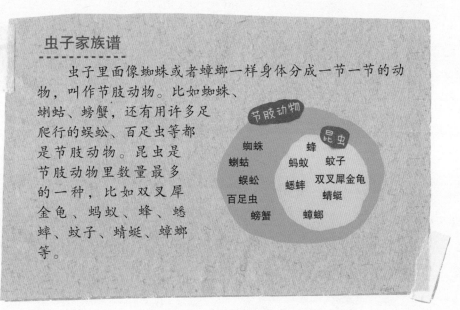

　　虫子里面像蜘蛛或者蟑螂一样身体分成一节一节的动物，叫作节肢动物。比如蜘蛛、蝲蛄、螃蟹，还有用许多足爬行的蜈蚣、百足虫等都是节肢动物。昆虫是节肢动物里数量最多的一种，比如双叉犀金龟、蚂蚁、蜂、蟋蟀、蚊子、蜻蜓、蟑螂等。

节肢动物
蜘蛛　蝲蛄　蜈蚣　百足虫　螃蟹

昆虫
蜂　蚊子　蚂蚁　双叉犀金龟　蟋蟀　蜻蜓　蟑螂

昆虫的模样是这样的

咯叽咯叽，它是谁呢？

它是金龟子。金龟子长得像谁呢，妈妈还是爸爸？

昆虫一般根据性别不同，拥有不同的身体和模样，大部分雌幼虫像妈妈，雄幼虫像爸爸。

但无论是雌的还是雄的，昆虫的样子都有一个共同的特征，那就是身体分为头、胸、腹三部分。

爸爸

雄性金龟子

14

昆虫的头部

昆虫的头内拥有调整身体所有功能的大脑和中枢神经（神经细胞集聚的地方），负责处理它的视觉、触觉、嗅觉、味觉还有行动等事情。

昆虫的头部有一对触角、两只复眼以及嘴。昆虫的触角既能听到声音，又能闻到气味，很厉害吧！所以昆虫经常用嘴或腿来擦拭触角。因为只有触角干净了，昆虫才能更好地听到声音或闻到气味。有没有见过不停地抖动触角的昆虫啊？那是昆虫正在感知某些东西。蜜蜂触角的嗅觉就特别发达，所以人们会利用蜜蜂来寻找毒品或者地雷呢。

昆虫的复眼，因为有水晶体和透镜，所以视力超好。蜻蜓的复眼由1万～3万个小眼构成，众多小眼形成的像点拼合成一幅图像，因此蜻蜓不仅能准确地看到物体，还善于捕捉物体瞬间的移动。

昆虫的嘴根据摄取食物的不同，它的形状也有所不同。以吸食花蜜为生的蜜蜂，它们的嘴上插着像吸管一样的管子；蜻蜓利用大下巴咀嚼小生物，就像掉光牙齿的老奶奶咀嚼食物一样呢；斑股锹甲或者苍蝇的嘴里，藏有便于舔舐食物的短粗舌头；像吸血鬼一样靠吸吮动物体液为生的水蛭和椿象，都拥有像针一样的嘴，这样才便于它们干坏事呀。

嘴

复眼

昆虫的胸部

昆虫的胸部分为前胸、中胸、后胸。昆虫一般拥有三对足和两对翅膀，昆虫的翅膀在中胸和后胸各有一对。昆虫的胸部有发达的肌肉，可以为振翅飞行提供动力。

但是，昆虫里也有翅膀退化的情况呢。苍蝇、蚊子、花虻只有一对翅膀。另外一对翅膀由于不经常用，飞行的时候只能起到维持身体平衡的作用。

昆虫的足大部分都是三对，但是模样各式各样。轻轻在花瓣间穿梭的蝴蝶，它的腿看上去很单薄，但是仔细观察蝴蝶在花瓣上吸蜂蜜的样子，就会发现蝴蝶的腿虽然瘦弱，却能牢牢地抓住花瓣。原来，蝴蝶的腿那么弯曲柔软，是为了抓住物体。

蜻蜓和螳螂的前腿非常发达，这是为了牢牢抓住食物并吞掉它。生活在水里的龙虱腿部长了好多长毛，有助于游动。喜欢缠在树上的斑股锹甲，为了不从树上滑下来，长着锐利的"脚指甲"。

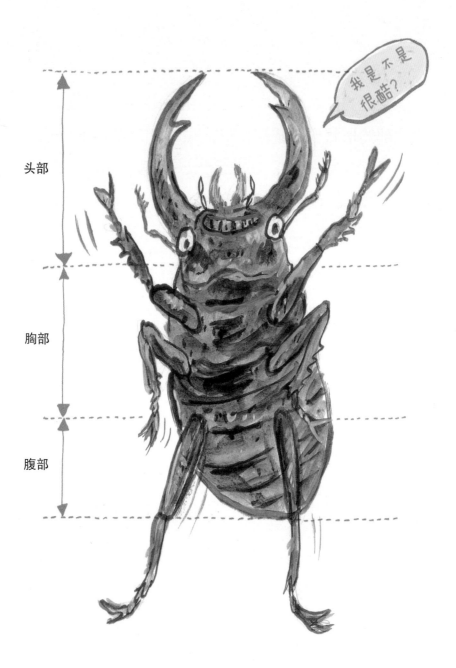

头部

胸部

腹部

昆虫的腹部

　　昆虫的腹部包含着消化器官和生殖器官。一般来说，昆虫腹部的形状像个圆筒，由9～12个节组成。每一个节都有用于呼吸的呼吸孔——气门。末节有用于交配的生殖器、产卵管、尾须等。

昆虫为什么会变身呢

　　昆虫比人类更早生存在地球上，那怎么了解那些古老年代的昆虫呢？嗯，通过化石就可以了嘛。世界上发现的最古老的昆虫化石是粘管目（没有翅膀的小昆虫）的昆虫，它出现在大约4亿年前，没有翅膀，只有三对足。有翅膀的昆虫随后才出现，这主要是根据约3亿年前的蜻蜓化石、蜉蝣虫化石得出的结论。

　　古生代的昆虫跟现在的昆虫不一样，古生代的昆虫非常大。

　　原始蜻蜓展开双翅足有70多厘米长，原始螳螂总长有50多厘米。哇！你是不是惊讶得张大嘴巴了？

　　但是现在的蜻蜓可小多了，只有2～6厘米，螳螂也只

21

有6～9厘米。为什么它们会变得如此小呢？

　　原来，巨大昆虫生活的时候出现了冰河期，气温一下子降到零下。突然袭来的酷寒，导致许多植物和动物都冻死了。巨大昆虫由于找不到吃的，填不饱肚子，也相继死去了，就像恐龙一样。但是有些昆虫随着环境的变化，身体也逐渐发生变化，由原来的大块头变成了小不点儿，这样只要吃一点儿东西就能填饱肚子。因此，这些幸运的昆虫成功地度过了冰河期，到现在还生存在地球上。

　　昆虫是变身的天才。大部分原始昆虫都是没有翅膀的无翅昆虫，但是后来慢慢感觉到有翅膀会更便利。如果有

翅膀，遇到天敌的威胁时，就可以迅速逃走；没有食物的时候，还能飞来飞去寻觅食物。因此，大多数昆虫开始从没有翅膀的无翅昆虫变身为有翅膀的有翅昆虫。怎么样，是不是比孙悟空的七十二变还神奇呀？

还有更神奇的呢！

蚱蜢不会变身，它的幼虫和成虫的食物是一样的。所以蚱蜢之间会为了食物而展开斗争。但那些会变身的昆虫，它的幼虫和成虫的食物是不一样的。比如蝴蝶的幼虫啃食树叶，而长大的蝴蝶爱吃蜜。所以，蝴蝶幼虫和蝴蝶不需要争夺食物。目前，不会变身的昆虫有螳螂、蚱蜢、蟑螂等，但是大多数昆虫都会变身哟！

昆虫一直朝着有利于生存的方向变化。昆虫的这种变身就是进化。所谓进化是指生物朝着有利于生存的方向发展的过程。昆虫的变身，其实都是有目的的。

点点名，昆虫是最多的

目前，地球上的人口总数约76亿。在纸上写写看，76亿是多大的数目呢？7 600 000 000！76后面跟着8个0呢！哈哈，这个数字吓到你了吗？生存在地球上的昆虫，它们的数量要比76亿这个数目多很多。你猜会有多少呢？

地球上平均每个人和2亿只昆虫一起生活着。哇！一共有1 520 000 000 000 000 000只昆虫在地球上生存。昆虫的数量怎么会有这么多呢？

第一，昆虫的身体很小。它们的平均大小为6毫米左右。因为体形微小，所以不易被天敌发现，而且只吃一点点食物就能维持生命。因此昆虫在和其他生物之间的竞争中处于优势地位。

第二，昆虫有翅膀。翅膀能够帮助昆虫迅速地从天敌那里逃脱，而且有利于寻觅食物。

第三，昆虫拥有坚硬的外壳。昆虫外壳里的内壳多糖，使昆虫的外壳变得又轻又坚硬，可以很好地保护昆虫的身体。即使从高处掉下来，也不会有一点事儿。而且昆

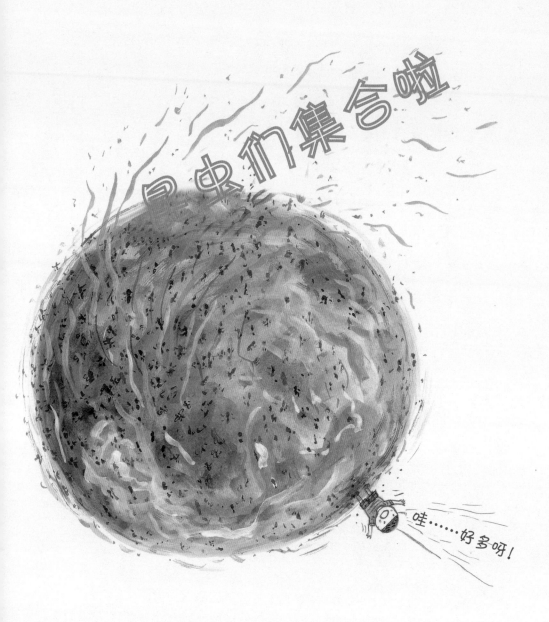

虫的外壳表面有光滑的蜡，可以使皮肤保持充足的水分。

第四，昆虫的繁殖能力很强。从不停产卵的蚁后身上就能看出来。

第五，昆虫主要通过蜕变成长起来。进行蜕变时，每个阶段的食物都不一样。因此，幼虫和成虫不需要为了食物而展开残酷的争斗。

第六，昆虫适应环境的能力很出众。据说，昆虫从卵长到成虫的时间很短，而且根据环境进化速度也很快。所以能够很好地适应环境。

生存在地球上的昆虫数量这么惊人，现在你们应该明白为什么了吧。

　　　地球上动物的种类有350多万种，植物大约有50万种。动物的种类远远多于植物，是吧？那是因为昆虫包含在动物里。在300万种动物里面，昆虫多达100多万种。这还不包括那些还没有命名的200万种昆虫呢。

昆虫是生态系统的守护者

　　如果昆虫从地球上消失会怎么样呢？

　　以昆虫为食物的田鼠、青蛙、蟾蜍等动物会消失；以青蛙、田鼠为食的蛇也会消失；如果蛇消失了，以蛇为食物的雕也会消失；如果昆虫从地球上消失，就算不吃昆虫的动物也会濒临灭绝的。

　　昆虫的尸体能为土壤提供丰富的养分，如果昆虫消失，以汲取土壤养分为生的植物就无法生存。昆虫还会帮助植物繁殖。昆虫消失后，植物的数量就会减少，我们呼吸所需要的氧气量也会随之减少。

　　因为昆虫的存在，生态系统才能维持平衡，大自然才能繁衍生息，而我们人类也才能健康地生存下去。

27

昆虫忙碌的一生

大部分昆虫都会产卵。

刚出生的幼虫会朝着食物用力地爬过去。幼虫吧唧吧唧地咀嚼食物，身体噌噌地长大。

请在这里稍停一下！仔细观察一下幼虫，你觉得幼虫和它们的父母长得一模一样吗？

像这样幼虫和它们的父母长得一样的叫作"不完全蜕变"。那要是幼虫长得和父母不一样呢？如果是这样，这种幼虫就要通过好几次蜕变变成成虫。

幼虫会先变成蛹，在蛹里面变成成虫。这种成长的过程叫作"完全蜕变"。换一种说法，蜕变就是变态，嘻嘻，不是那个变态啦！我说的是形态变化的意思。

不完全蜕变

坠入爱河的昆虫

一旦成为成虫，昆虫就开始热衷于寻找甜蜜的爱情。它们各自都有独特的求爱方法：发声、发光，或者分泌出一种叫外激素的物质，以此来寻找自己的另一半。蝉用整个夏天，蟋蟀用整个秋天，都在为寻找另一半而拼命地歌唱着。大部分昆虫都像蟋蟀一样，通过摩擦翅膀来发出声音。但是，蝉很特殊，它的腹基部有可以发声的发音器。蝉是通过振动肚子里面的鼓膜来发出声音的。

萤火虫虽然不能发声，但是它也拥有自己独特的爱情武器——光。它会闪动着发光的尾部，为寻找甜蜜的爱情，在夜空中飞来飞去。

雄大红斑葬甲会为了吸引雌大红斑葬甲努力地

啊哈！

蛹

完全蜕变

31

跳舞。它们的舞台就在死去不久的鸟类或者老鼠尸体的上空！不要以为看上去很肮脏，就没有雌大红斑葬甲愿意来，实际上绝对不是那样的。雄大红斑葬甲跳舞的时候，能播撒吸引雌大红斑葬甲的外激素。外激素是昆虫发出来的化学物质，这种物质只有同类昆虫才能感觉得到。所以昆虫常常用这个作为示爱方式，或者给同类发出危险信号。

昆虫在幼虫时期，每天为了寻觅食物而奔波忙碌，成虫时期就该寻找爱情，准备生儿育女了。

成为爸爸妈妈的昆虫

努力地寻找爱情并成功步入婚姻殿堂的昆虫们马上就要产卵成为爸爸妈妈了。大田鳖爸爸因为特别会照顾孩子而远近闻名。它会将

知了知了

卵背在后背上，一直待在水外，直到孵卵成功，这样做的
目的就是给卵提供充足的氧气。小田鳖还未完全孵出来的
时候，大田鳖爸爸还需要使劲地摇身子，才能帮助小田鳖

我的另一半在哪里？唧唧唧唧

嘿嘿，被我的舞
蹈吸引了吧？

更容易地钻出来。

　　还有为儿女建造好房子的昆虫呢。卷叶象虫将树叶卷折成筒状，给它的宝宝们制作摇篮，这些摇篮是宝宝们躲避天敌的好地方。在摇篮里孵出来的小卷叶象虫不停地啃食树叶，很快就长大了。

　　大红斑葬甲会把卵产在动物的尸体里面。它的幼虫就以尸体为食一直生长到成虫。这个家族是不是有点恐怖啊？但是，如果没有大红斑葬甲，恐怕地球上到处都是动物的尸体，地球可能就会变得更阴森、更可怕。

蜉蝣虫儿真的
只能活一天吗

　　大部分昆虫的寿命都很短，平均寿命是1～3年。但是我们有时候也会对昆虫的寿命产生误解。

　　蜉蝣就是其中的代表，我们通常认为蜉蝣只能活一天，但实际上，蜉蝣可以活1～2年呢。幼虫时期在水里活1～2年，成为成虫之后最短能活1天，最长可以活2周。我们只看到成虫时期的蜉蝣活得不长，就认为蜉蝣的寿命很短，这是不正确的。

　　双叉犀金龟也是一样的。它的最长寿命是1年，但是成虫的寿命只有短短3～6个月。还有在树上叫个不停的蝉，整个夏天它们都在兴高采烈地歌唱着，唱够了就死去，实际上它们却以幼虫的身份活了5～7年。所以蝉的实际寿命应该是5～7年才对。

哎哟，我的腰啊……

好像死期要到了

还得多活两天才行啊！

35

昆虫生活在什么地方呢

　　昆虫生活在什么地方呢？要不要来找一下昆虫的家啊？但……实际上大部分昆虫是没有家的。

　　呃！怎么会这样?!

　　当然，有些昆虫还是有家的。建造蚂蚁穴的蚂蚁，打造蜂窝的蜂，在枯木里盖房子的白蚂蚁等群居性昆虫，大多都拥有属于自己群体的家。但是大部分昆虫都过着流浪的生活，四处觅食。因此，一般来说，在食物密集的地方

蚂蚁

哎哟，好可怜啊！连个家都没有……

我们本来就没有家

37

蚂蚁

就可以毫不费劲地找到昆虫。

昆虫吃食物和休息的地方，叫作栖息地。土壤就是许多昆虫的栖息地。

步行虫爬行在湿润的泥土上，捕食土壤里的小生物。

蚂蚁把房子建在土里，金龟子群和蝉群在土里度过幼虫时期。如果没有土壤，这些昆虫就不可能成为成虫。植物是昆虫最好的食物，同时也是最好的栖息地。在树叶或草叶上可以经常看到谷象虫、叩头虫、瓢虫、金花虫、麻天牛、菊天牛等。在开花的树上经常能看到吃花粉的花金龟、花天牛、蝴蝶、蜜蜂等。

金花虫

胶木上流出来的胶木胶也是昆虫最喜欢的食物之一。越老的树分泌出的树脂越有营养，因此就会有更多的昆虫聚在这里。最可怕的胡蜂、用大下巴争夺食物的深山

胡蜂

锹形虫、炫耀大触角的双叉犀金龟、蝴蝶、飞蛾、白斑点花金龟、黑菌虫、大木吸虫、大褐象鼻虫！嘿嘿……树干是虫气很旺的昆虫栖息地哟。

生存在农作物上的昆虫也有很多。大豆上有豆象虫，绿豆上有绿豆象虫。在旱田里能找到吸食植物汁液的椿象；在茄子上也经常能看到认真啃食叶子的茄二十八星瓢虫。这些专吃农作物的虫子被称作害虫。不过，这些

双叉犀金龟

行为并非恶意，只是为了生存而已。也有把水当作栖息地的昆虫。在水库、湖泊里生存着龙虱、大田鳖等昆虫。在清澈见底的水边生活着蜉蝣、纹

深山锹形虫

石蛾、石蝇等昆虫。把水当作栖息地的昆虫，会在水里捕食鱼、蝌蚪之类的小动物，或者吃浮在水面上的水草等。

　　昆虫的栖息地除了上面说的这些地方，还有很多我们没发现的地方。因为昆虫的数量本身就很多，所以我们无法知道所有昆虫的栖息地。但是我们可以先记住昆虫喜欢吃的食物，那些食物所在的地方，一般就是昆虫生存的地方，在那里一定能找到它们。

昆虫的就餐法

　　吃树脂也要按顺序。树脂本来就很受欢迎，所以力气大的昆虫就能最先抢到，白天的时候胡蜂最先吃，而剪刀虫则要看着蝴蝶和飞蛾的眼色偷偷地吃树脂。

逃跑大王——昆虫

在炎热的夏季，最嚣张的昆虫莫过于蚊子了。它的反应极其敏捷，当你想要拍死它，常常是还没来得及下巴掌，它就已经发着令人厌烦的嗡嗡声迅速逃走了。其实，大部分昆虫遇到危险时，都会飞快地逃走。像蚱蜢这种草虫会蹦蹦跳跳地跳着走，樱桃虎天牛、大劫步甲会像听到发令枪的短跑选手一样迈着快速的脚步逃之夭夭。

但是也有一些昆虫，即使遇到危险也不会逃跑，而是积极地应战。这就像踢足球时，最好的防守就是进攻一样。步行虫如果感觉有危险，它会从屁股释放出热热的

嘣！

炮弹屁。如果鸟儿或者蟾蜍咬住了步行虫会发生什么事情呢？它们的嘴巴会被热热的屁烫着，然后叽叽地叫，接着便会哇的一声恶心地吐出来。不仅如此，步行虫还可以连续地喷出毒气，被热屁烫到嘴巴的动物可不愿意在它的周围逗留。

也有伪装成"大力士"的昆虫。金龟子群里的棘草花金龟会伪装成大力士昆虫来吃花粉。虎天牛也是，因为它

看起来和胡蜂很像，所以很多动物都会远远地避开它。善于模仿的蜂蝇不仅能模仿蜂的样子，还会模仿蜂振翅膀的声音呢。天敌们只听到声音，就会将蜂蝇误认为蜂而迅速逃跑。

还有善于捉迷藏的昆虫。住在树上的四点象天牛和双簇天牛外表的颜色跟树的颜色很相近。所以，如果不仔细看的话，很难分辨出它们。

有一种天牛长得和鸟屎很像，很容易让天敌混淆。竹节虫长得像树枝，所以它们常常伪装成树枝来躲避天敌。

还有一些贴在树叶上的昆虫，它们的藏身术非常高超，几乎完全看不出来它们是贴在树叶上的。像象鼻虫这种昆虫，只要一有风吹草动，就会立马藏到树叶后面。虽然很多昆虫都会选择躲到树叶后面，但谷象虫绝对是高手中的高手。就算是很小的动静，它也会咻溜一声赶紧藏起来。

粉彩吉丁虫和花蚤一旦面临危险，就会马上掉在地上。粉彩吉丁虫感知到有危险逼近时，就会瞬间蜷缩起腿，然后像体操运动员一样向下几个空翻。花蚤会像跳蚤一样跳到下面去。为了逃脱危险而不顾一切往下跳，如果摔死了怎么办呢？不用担心啦。它们的体重很轻，而且身体又被坚硬的外壳包围着，所以从高处掉下来时，是不会有什么事的。

还有雇用保镖的昆虫呢！蚜虫吸食植物的营养，而它的排泄物——蜜露，却是蚂蚁香甜可口的食料。蚂蚁保护蚜虫，蚜虫以蜜露相酬谢，这种现象在生物学上称为"共生现象"。蚜虫水滴般的粪便成了蚂蚁王国里的甜点和咖啡。为了获得更多的甜点，蚂蚁如人类圈养羊群一般养了大群的蚜虫。在树叶都被蚜虫吃光后，蚂蚁便会把没有翅膀行动迟缓的蚜虫搬到另一颗鲜嫩的树上。如果有蚜虫的天敌七星瓢虫侵略，蚂蚁们便会奋力把它们赶走。所以，也有人称蚂蚁是昆虫界里优秀的放牧人。

虽然昆虫们想方设法地拼命逃跑，但还是会被天敌抓住哟。面对死亡时，昆虫会拼死一搏，使出最后的手段。你知道那是什么吗？就是装死。像鸟类这种动物，主要食用活动的生物。所以，如果昆虫没来得及躲避天敌，就会赶紧翻过身装死。

　　"我已经死了，应该不好吃了，所以你就给我留个全尸吧！"这就是它们高超的演技。

　　逃跑、应战、躲藏，甚至以装死的方式来保护自己的昆虫，是不是可以称得上是生存的高手呢？

我装死了

举办特长表演大赛啦

现在让我们来认识一下世界上最牛的昆虫吧。

嗡嗡嗡，蜂飞得好快啊！特别是胡蜂，还能进行超高速飞行，时速可达30～40千米呢。跟鸟类比起来算是非常快的了，因为昆虫的翅膀比鸟类的翅膀小很多。但是还有比胡蜂更快的昆虫呢，那就是澳大利亚蜻蜓。澳大利亚蜻蜓拥有几乎不会疲劳的肌肉，飞行时速能达到58千米。

不过，其实还有比澳大利亚蜻蜓飞得更快的昆虫，它就是只有一对翅膀的牛虻。

苍蝇类之一的牛虻，其飞行速度可达145千米/时，比在高速公路上的车还快。但它并不是一直都以这个速度飞行，只有雄牛虻发现雌牛虻而去追赶的时候才会这么快飞行。很遗憾，牛虻的快速飞行纪录还没有得到认证。

麻雀的飞行速度可达32千米/时，雕的飞行速度98千米/时，燕子更快，120千米/时呢。

拥有最大嗓门的昆虫是谁呢？就是蝉。蝉为了寻找

好快啊！

知心爱人，整个夏天都在很卖命地歌唱着。但是只有那些寻找雌蝉的雄蝉才能发音，雌蝉不会发出声音来，所以人们称雌蝉为哑巴蝉。

生存在非洲的蝉，以106dB（dB是表示声音强度的单位）的声音来发声。地铁的噪声是100dB以上，工厂的噪声达90dB，这么说来，蝉的歌声算是很大的噪声了。

如果说夏天是蝉的季节，那么秋天应该就是蟋蟀的季节了。秋天的晚上，蟋蟀为了寻找另一半而欢快地歌唱着。这时，蟋蟀发出的声音是温柔的乐声，但是在坚守自己的领域时，它们发出的声音就不一样了。一旦有其他蟋蟀入侵到自己的领域，它就会发出很粗鲁的声音，让人感到厌烦。非洲的蟋蟀以96dB的声音来发声。哦，幸好蝉和蟋蟀不在同一个季节发声，否则一定会吵死了。

产卵最多的昆虫会是谁呢？那就是白蚂蚁。白蚂蚁女王能活10年左右，每天产3万个卵，一生能产1亿个以上的卵。

那么产卵最少的昆虫又是谁呢？

苍蝇中虱蝇科一生只能产4个左右的卵，采采蝇只生产6～12个。由于卵产得少，因此子女对它们来说就特别重要。采采蝇在自己的身体里孵卵，抚养到成蛹后，再把它们放到外面去。

昆虫中体形最小的是谁呢？就是钟形虫。它的长度只有0.139毫米，跟尘埃一样微小呢。那么最大的昆虫是谁呢？按体重来说，巨人甲虫算是最大的，重达100克；身长和体重加在一起的体形冠军是赫拉克勒斯甲虫，它的身长是19厘米，重达120克。

跑得最快的又是谁呢？它就是每秒可以跑2.5米的澳大利亚虎步甲。如果虎步甲像人类一样大的话，速度可以达到150千米/时呢。

说到跳得高的昆虫，首先能想到蚱蜢吧。但是，跳蚤也能跳得很高呢，跳蚤能跳到30厘米高。跳蚤只有约2毫

赫拉克勒斯甲虫

哇！好大啊！

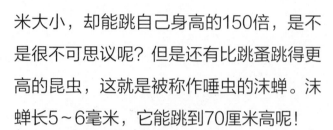

米大小，却能跳自己身高的150倍，是不是很不可思议呢？但是还有比跳蚤跳得更高的昆虫，这就是被称作唾虫的沫蝉。沫蝉长5～6毫米，它能跳到70厘米高呢！

　　怎么样？昆虫们的特技表演还算精彩吧？

　　　　生存在非洲的采采蝇，像蚊子一样吸食人类的血。要是被采采蝇咬到，就会一直昏睡，得"睡眠病"。这是一种由于身体和病菌战斗而疲乏，从而一直昏睡的疾病。除了睡觉，做不了其他事情，是一种很有可能令人丧命的可怕疾病。

昆虫喜欢唠叨

在秋风瑟瑟的森林里，一场草虫们的演奏会正在举行。

实际上这并不是草虫们的演奏会，而是它们的唠叨时间，草虫们会用各自不同的方式发声。

蝈蝈和蟋蟀通过摩擦翅膀来发声，蚱蜢通过摩擦翅膀和腿部来发声。但并不是所有的草虫都能演奏。

有一种外表长得很像蟋蟀，但是不能发出任何声音的昆虫——驼螽科，生活在肮脏又潮湿的地方。可怜的驼螽科连声音都听不到。但是不用担心，它拥有非常敏感的触角，可以坚强地活下去。

不能发声的昆虫怎样交流呢？一闪一闪地飞行在夜空中的萤火虫，是通过尾部发出的光来传递信息的。在我们看来，所有萤火虫的光都是一样的，但如果仔细观察的话，还是有细微差别的。萤火虫单独行动时，会用普通的亮度来发光。但是当萤火虫遇到另一半时，光的强度和持续的时间就会变得很大、很长，它以此给另一半发出信号，表明自己已经发现了它。

　　如果雌萤火虫看到了雄萤火虫的信号，也会长长地发出光芒。这样互相传出信号，确定恋爱关系后，雌雄萤火虫的光都会暗下来。这可能是因为相爱的时候不想被其他昆虫发现吧。

昆虫们有时候为了互相了解而跳起舞来。蜜蜂通过跳舞的方式告诉朋友哪里有食物。食物在附近的话，就会跳圆形舞蹈；食物在远处的时候，就会跳8字舞。

大部分昆虫用外激素来交流信息。不同的昆虫会分泌不同的外激素，便于同类昆虫的交流。

雌飞蛾通过播撒外激素来吸引雄飞蛾。雄大红斑葬甲也是用外激素来呼唤雌大红斑葬甲的。

蚂蚁勤奋地寻找食物。不管走到多远的地方，它都能平安顺利地回家。因为蚂蚁在行进的同时，将指引方向的外激素埋在了地下。昆虫也像人类一样，视觉、听觉、嗅觉、触觉等各种感觉器官都很发达。大部分昆虫的足部胫节（小足节骨）上带有听觉器官，但是蚊子和苍蝇的听觉器官分布在触角的摇节上。蝉、蚱蜢、飞蛾也拥有发达的听觉器官——耳膜。

而且，昆虫的身上布满了很多细细的毛。在触角、腿部、翅膀上长出来的那些毛对触觉有很重要的作用。昆虫拥有这么多的感觉器官，交流起来就很方便了。

　　昆虫的很多交流方式还没有被发现。所以，你是不是很想问问昆虫们："你现在正在想什么呢？"

　　认真努力地观察昆虫、研究昆虫吧，总有一天你也可以和昆虫对话的！

气象预报员——昆虫

昆虫们对环境比较敏感，因此能比人类更早地感知天气的变化。

空气湿度增加的话，蚂蚁很快就能感受到，并急急忙忙地开始搬家。所以才有"蚂蚁搬家就会下雨"的说法。

蚊子和蜻蜓也能预报下雨的天气。炎热的夏天傍晚，如果蚊子成群飞行的话，很可能马上就要下雨了。蜻蜓要是成群低飞的话，就预示着狂风暴雨即将来临。这两种昆虫都对气压的变化很敏感。

蜘蛛织网，就意味着雨要停了。只有天气晴了，蜘蛛才会修理房屋。还有，在清晨的时候，蜘蛛网上有水滴，就说明那天会是个晴天。因为，水蒸气通常在无风的晴天晚上凝结成露珠。

蜜蜂对气温和环境的变化特别敏感，只要仔细观察蜜蜂的举动，就能大概推测出那个季节的天气。秋天的时候，如果蜜蜂把蜂窝的洞口堵得很严实，只留一个小出口的话，就说明那年的冬天会特别寒冷；如果洞口做得大一点，就说明是一个比较暖和的冬天。

只要仔细观察昆虫，不只是当天的天气，连第二天的天气也能预测到呢。

有时候是朋友，有时候是敌人

蜂和蝴蝶在花儿那里得到了蜜和花粉。但是，它们在花丛中飞来飞去，不光是采走蜜和花粉，也为花儿授粉。只有把雄蕊的花粉移到雌蕊的顶部，植物才能受精，只有经过这一过程，植物才能结果。

托昆虫的福，植物才能结出果实，而昆虫又在植物那里得到了食物。像这样通过互相帮助来生存的关系，就是一种互利共存关系。

蚜虫和蚂蚁，蚂蚁和灰蝶科也是共存关系。灰蝶科将幼虫产在蚂蚁洞里，在蚂蚁的保护下安全地生长，以躲避天敌。而蚂蚁则靠舔舐灰蝶科幼虫皮肤上的分泌物和尾部的排泄物为食。蚂蚁保护灰蝶科幼虫，而灰蝶科幼虫也给蚂蚁带来美味的食物。

和互利共存关系不一样，只对一方有益的关系叫作寄生关系。寄生虫在其他昆虫的幼虫体内产卵。幼虫身体里孵化出来的小寄生虫吃着幼虫体内的内脏而生长。

昆虫的天敌也是到处都有。昆虫是鸟类非常喜欢的食

物，因此昆虫最大的天敌就是鸟类。除了鸟类，青蛙、蟾蜍、蛇这样的爬虫类也是昆虫的天敌。

　　有时候，昆虫也会成为昆虫的天敌。伪装成指路者而飞行在山路的中华虎甲（俗称引路虫），是蚂蚁的天敌。因此，它同黄足蚁蛉的幼虫一起被称为蚁狮。在地上生活的绿步甲、拉步甲则吃着像蚯蚓、蜗牛一样的小虫子来维持生命。有翅膀的金星步甲捕食那些被亮光吸引而来的蝉、草虫和蜻蜓等。

环斑猛猎蝽也是这种肉食性昆虫之一，它像刺客一样随时观察周围，捕获昆虫，吸食金花虫、瓢虫等小昆虫的体液。食虫虻由于比环斑猛猎蝽更强壮，而且力气更大，所以常以金龟子、胡蜂、椿象等昆虫为食。它们能用最快的速度迅速将猎物捕获，然后分泌出消化液之类的物质软化猎物，最后再一口吸食进去。

人类和昆虫是什么关系呢？共存？寄生？天敌？大家都来认真思考一下昆虫和人类的关系吧。

穿盔甲的
步行虫科

　　有一些昆虫像英勇的将军一样，穿着坚硬的盔甲。甲虫，顾名思义，就是穿着盔甲的昆虫。甲虫的盔甲是由前面的翅膀退化而成的。多亏有了这件盔甲，甲虫不像一般的昆虫那么容易被伤到。也许就是这个原因，甲虫在昆虫之中是数量和种类最多的一种，甲虫的数量占所有昆虫数量的40%。

　　在花儿盛开的地方，可以看到很多种甲虫。以长长的触角为荣的花天牛，它身体的光泽像花朵一样艳丽。花金龟果然是喜欢花，为了吞食花朵而不停地忙碌着。

　　啪啪啪，像跳蚤一样跳来跳去的花蚤，看到了吗？带有尖尖尾巴的花蚤，身长还不到5毫米呢。

　　甲虫喜欢生活在树叶上。从植物的叶子和茎里渗出来的汁液是蚜虫最喜欢的食物。一看到蚜虫就流口水的是七星瓢虫！所以植物的叶子上有很多瓢虫。有像茄二十八星瓢虫一样啃食叶子的瓢虫，但大部分还是叶甲虫。叶甲虫因为长得很像瓢虫，所以很容易让人产生错觉。但是有一种能快速分辨它们俩的方法，触角长的是叶甲虫，短的就是瓢虫。

腐烂而死去的树上也聚集着好多甲虫。比如说，有像蟾蜍的背部一样凹凸不平的双簇天牛、拥有芝麻似的斑点花纹的四点象天牛、中华粒翅天牛等等。

它们的背部很像树皮。如果它们贴在树上的话，天敌很难发现。这是它们为了尽情地、安全地吃树茎而拥有的保护色。

沙沙沙沙，听见隐翅虫踩落叶的声音了吗？有着坚硬鞘翅的隐翅虫，正为了把落叶嚼成碎片而忙碌着。

还有跟隐翅虫一起打扫森林的甲虫，它就是被称为"森林殡仪员"的大红斑葬甲。大红斑葬甲会把老鼠、鸟、青蛙等动物的尸体埋在地下。大红斑葬甲的幼虫们再把这些尸体挖出来吃掉。如果没有大红斑葬甲，森林里到处都会充满鸟和老鼠等动物尸体腐烂的臭味儿。

也有后面的翅膀退化而不能飞翔、只能生存在地下的甲虫。

拉步甲的前胸板像金属工艺品一样闪闪发光，是不是像它的名字一样帅气啊？还有拥有"飞毛腿"的红斑步甲，红斑步甲只要感受到一点点危险，会立刻拔腿就跑。

除此之外，以长角而自豪的双叉犀金龟、忙碌着推滚牛粪的蜣螂、尾部闪耀着光芒的萤火虫，都是甲虫家族的一员。

65

我的名字叫大王！
拥有特殊名字的甲虫

　　一到春天，赤翅虫科类昆虫就开始炫耀自己红红的翅膀，轻盈地飞来飞去。春游的时候，常常能看到它们在我们身边飞舞。在花朵上，栖息着和天牛长得很像的拟天牛，后腿上有大肌肉块的是雄性桃红颈天牛，而雌性桃红颈天牛腿上没有肌肉块。花叶上，则有跟花天牛很像的长颈甲，和花天牛比起来，长颈甲的脖子更粗，因此很容易就能分辨出来。

　　一到田野上，就会发现很多像战士一样勇敢的拟花萤和像步兵一样成群行走的花萤。这两种昆虫，表面看上去很脆弱，

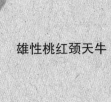

雄性桃红颈天牛

是不是被我的样子给迷倒了呀？

但实际上，它们都是
捕食其他昆虫的肉食
性昆虫。

　　彩艳吉丁虫的翅膀
像丝绸一样美丽，过去
经常被用作装饰品。或许是这个原因，彩艳吉　彩艳吉丁虫
丁虫被称为天然纪念品。露尾甲虫，因为它的
尾部的底部暴露在外面，所以被称为露尾甲虫。

哎哟，好害
羞嗯……

露尾甲虫

67

像花儿一样
美丽的蝴蝶科

即使再害怕昆虫，也还是有很多人喜欢蝴蝶，或许是因为它们飞舞在花朵上的那份轻盈和美丽吧。不同的蝴蝶种类，有不同的栖息地。油菜菜粉蝶、斑缘豆粉蝶、金凤蝶常常在村落的周围轻盈地飞来飞去。油菜菜粉蝶的幼虫以白菜的叶子为食，所以它的幼虫时期对农作物是有害的。但是长成成虫后，它们会帮助花朵授粉，从而帮助植物结出丰硕的果实。雌斑缘豆粉蝶有黄色和白色两种，雄斑缘豆粉蝶却只有黄色一种，可能是因为这个缘故，雄斑缘豆粉蝶更喜欢黄色的雌斑缘豆粉蝶。金凤蝶是翅膀边缘有长尾巴的"摩登"蝴蝶，在蝴蝶之中算是最大的，展开双翅有9～10厘米。

来抓我啊

田野上凉风习习，白绢蝶、灰蝶
在天空中自由地飞来飞去。

雄白绢蝶和雌白绢蝶交配
之后，为了不让雌白绢蝶和
其他雄白绢蝶交配，雄白
绢蝶会制造出堵住雌
白绢蝶尾部的受胎
囊，但是受胎

呵呵

啊！

　　囊只是雄白绢蝶小心眼的表现，实际上雌白绢蝶的一生只进行一次交配。

　　灰蝶们也用小小的翅膀为寻找花朵而努力地飞翔着。女孩子们经常佩戴五颜六色的饰物，非常漂亮。灰蝶因为拥有斑斓的色彩，所以人们又管它叫"饰物蝴蝶"。

　　在山上或者田野里，经常有长着豹纹的老豹蛱蝶和银豹斑蝶飞来飞去。老豹蛱蝶喜欢吃动物的粪便。在炎热的夏天，银豹斑蝶会沉睡不醒。它们最大的特征就是拥有豹

纹，都是非常慵懒的蝴蝶哟。

白眼蝶的翅膀上长有眼睛花纹。鸟类们来捕食的时候，看到它翅膀上凶恶的眼睛状花纹，就会吓得逃之天天了。

在温暖的阳光照进来的森林里，像燕子一样的长尾巴碧凤蝶吸食裂叶朝鲜丁香，飞翔在树与树之间。没有阳光的、阴冷的森林里有朴喙蝶、布网蜘蛱蝶、翠凤蝶飞来飞去。

嘴巴凸出来的朴喙蝶以成虫的形态度过冬天，是在温暖的冬天或者早春飞行的蝴蝶。布网蜘蛱蝶是翅膀上带有倒"八"字的蝴蝶。

飞蛾和蝴蝶是姐妹，但是生存方式和模样有很多不同之处。飞蛾有七千多种，蝴蝶却只有一千二百多种。蝴蝶主要在白天活动，而飞蛾喜欢在夜间活动。但也有一些如双黄环鹿子蛾或者窗蛾等白天活动的飞蛾。在阳光的照射下蝴蝶的翅膀会金光闪闪，显得格外美丽。蝴蝶的翅膀上覆盖着像瓦片一样层层排列的鳞状物。摸一摸蝴蝶的翅膀，鳞状物不会轻易掉下来，但是飞蛾翅膀上的鳞状物则很容易掉下来。

蝴蝶的翅膀比飞蛾的翅膀更加轻盈，而且身上的鳞粉末儿也不容易掉下来，所以人们更喜欢蝴蝶，而不是飞蛾。

蝴蝶和飞蛾的触角也不同，所以单凭触角也能准确地

到了该我活动的时间了吧……

	蝴蝶	飞蛾
活动时间	主要在白天活动	主要在夜间活动
落在花朵上时	折叠翅膀	展开翅膀
触角	前端像棍棒一样圆	细线状、羽毛状等多种形状
身躯	纤细而柔和	厚实、多毛
翅膀颜色	明亮而华丽的颜色	褐色、黑色等暗色
翅膀	分为前翅膀和后翅膀	前翅膀和后翅膀连接在一起

把它们分辨出来。蝴蝶触角的末端像棍棒一样圆。但是飞蛾的触角有细线状、羽毛状、锯齿状等多种形状。

另外，蝴蝶在花朵上吸蜜的时候，会把翅膀垂直折叠起来，但是飞蛾落在花朵上休息时，则把翅膀展开成水平状。

还有，蝴蝶没有连接前翅膀和后翅膀的装置，但是飞蛾拥有这种装置。现在大家应该能准确地区分蝴蝶和飞蛾了吧？

飞行时，发出嗡嗡声的蜂科和苍蝇科

大家认为不太擅长捉迷藏的会是谁呢？就是胡蜂、蜜蜂等蜂科以及像苍蝇、蚊子、蜂蝇这样的苍蝇科。

飞行时，它们能够发出声音，这是由翅膀的摩擦和振动引起的。它们的翅膀挥动得非常快。蜜蜂每秒振动190多次，家蝇每秒250多次，蚊子每秒600多次，蜂蝇甚至达到每秒1 000次以上。难怪它们会发出那么大声音，秘密就在这里啊。

蜂是我们最害怕的昆虫之一，它有一根刺人的螫针。尤其是胡蜂，要特别小心才行。胡蜂的身长达到40~50毫米，它的身躯是蜜蜂的20~30倍。再加上胡蜂的螫针长得像缝衣针，所以可以连续螫20~30次呢。

蜜蜂的螫针长得像钩子，螫刺时会深深扎进皮肤里。所以，蜜蜂只要螫刺一次，就会死掉。

以前，如果被蜂螫到了，人们就会在伤口处抹上大酱。而现在，抹点抗组胺软膏就可以了。蜂的螫针带有酸性毒，要抹上一些碱性物质，使酸碱中和，减弱毒性。

有一种昆虫和蜂类一样属于膜翅目，这就是蚂蚁。蚂蚁就像蜂一样，以群居的形式生存。看看蚂蚁的腰吧，是不是像蜂一样纤细呢？但是蚂蚁和蜂也有不同之处，除了雄蚂蚁和女王蚂蚁，其他蚂蚁都没有翅膀。其实这些蚂蚁原来是有翅膀的，只是后来退化掉了。所以人们一般不会

认为蚂蚁是蜂类。

　　跟可怕的蜂类不一样，苍蝇类让我们觉得恶心和厌烦。饭菜一旦准备好，家蝇就会比我们先飞过来。酸酸的、腐烂的食物周围经常聚集着麻蝇。如果把水果皮随便一扔，果蝇马上就会围过来。聚集在动物的排泄物或腐烂尸体上的是粪蝇，属于绿蝇科的一种。

　　苍蝇和蜂的区分非常简单。蜂的翅膀是两双，但是苍蝇只有一双翅膀。拥有一双翅膀的昆虫，大部分都可以看作是苍蝇类。但是苍蝇类中也有很多像蜂的昆虫，那就是舔舐花粉的蜂蝇。蜂蝇长得很像蜜蜂，不只是外表像，连抖动翅膀时发出的嗡嗡声也很像。所以，天敌们要想区分蜂蝇和蜂是件很困难的事情，全靠和蜂长得像，蜂蝇才得以生存。

　　名字不一样，也很难被看作是苍蝇，但是蚊子、大蚊科、食虫虻实际上都属于苍蝇类。由于蚊子爱吸血，所以我们都讨厌蚊子。但并不是所有的蚊子都会吸血，蚊子之中，只有那些产卵的蚊子才会吸血。

　　蚊子平时喜欢果汁，但是产卵时，由于身体需要更多的营养，所以它们才会吸人类或动物的血。

大蚊长得像大型的蚊子，但是不像蚊子一样吸食人类和动物的血。食虫虻是苍蝇之中的大王，因为它像虻一样打猎，所以被称为食虫虻。它可是连金龟子也能吃掉的恐怖苍蝇噢。

昆虫也有血吗

抓到蚊子的时候会沾到红红的血。那可不是蚊子的血，而是我们人类的血。昆虫体内有种叫作血蓝蛋白的物质，所以昆虫的血色呈绿色或者黄色。而且昆虫的血不像人类的血在血管里流动，而是像海绵一样浸在身体里。所以，无论什么时候，只要捏捏昆虫的身体，血就会流出来。

甜蜜的蜂窝里，
有谁在生活呢

在甜蜜的蜂窝里，那些发出嗡嗡声的蜜蜂聚集在一起共同生活着。

一个蜂窝里大概只有一只女蜂王。女蜂王一生（3~5年）只负责产卵。

和女蜂王交配的数百只雄蜂也一起住在蜂窝里。雄蜂们什么都不干，只会玩。它们常常为了和女蜂王交配，而跟自己的朋友展开激烈的斗争。和女蜂王交配结束后，雄蜂会立即死亡。

蜂窝里数量最多的是工蜂。工蜂是由受精卵发育而成的雌蜂，但生殖器官发育不完全。就像它的名字一样，一天到晚忙忙碌碌地工作。工蜂最主要的事情就是寻找花朵采蜜。它们从芳香四溢的花里吸出甜甜的蜜，再把这些蜜都放在胃里面。回到蜂窝后，工蜂会将胃里的蜜吐出来，等蜜晒干了之后，再把蜜放进蜂窝里储存起来。这就是蜂窝里的蜂蜜。

工蜂的工作不只是这些，它们还负责用采集来的蜜抚养小蜜蜂，建造蜂窝，以及打扫蜂窝。工蚂蚁几乎完成了蚂蚁洞里所有的工作，而蜂窝里所有的工作重担也都落在工蜂的肩上，它们可都是勤劳的榜样啊！

拥有红色吸管嘴的蝽科和蝉科

　　有一种臭屁虫，那就是会嘣嘣放出臭屁的椿象。只要稍靠近它一点点，椿象就会乱放屁，所以又被称为臭屁虫哟。

　　因为昆虫的内脏里有帮助消化的细菌，所以昆虫们消化的时候会放屁。但是椿象遇到天敌的时候，也会突然"嘣"地放屁，以警告同类们有危险，同类们闻到臭屁味

我的武器是超强的味道

椿象

81

儿就赶紧藏起来。椿象虽然爱放臭屁，却是种讲义气的昆虫。椿象和甲虫很像，所以很容易混淆，但是可以根据又尖又棱角分明的形态分辨出椿象。如果这样也难以分辨的话，那就看看它的嘴上有没有长长的吸管。椿象的嘴巴很尖，可以很轻易地吸食植物的茎叶汁或者树汁。

椿象喜欢吸食植物的根，所以是农夫最讨厌的害虫。如果椿象增多，草丛中的植物就会渐渐枯萎。

但是也有不吃植物光吃肉的椿象。猎蝽、益蝽、山高姬蝽就是肉食性昆虫，它们会把带有红色吸管的嘴刺进动物的身体，像吸血鬼一样吸食体液。

一到夏天就唱个不停的蝉，它的嘴巴很像椿象的嘴巴，像注射针一样尖锐。雄蝉整天为了寻找另一半不厌其烦地叫着。蝉长成成虫之后，还剩下一周到一个月的存活时间。在这么短的时间内要寻找另一半进行交配繁殖，真是有点困难，所以蝉总是很认真、很卖力地叫着。

讲一个有趣的事情吧。江南和江北的蝉叫声是不一样的。人们在开发江南地带的时候，种了很多悬铃木。那时候，蚱蝉常常聚集到悬铃木上生存，由于蚱蝉的领地很广，其他蝉不敢在周围晃悠。所以江南有很多蝉类里面最烦人的蚱蝉。但是江北地带除了悬铃木，也有很多其他的树种，所以像蟪蛄蝉、麻蝉等各种蝉可以朝夕相处。

　　还有一些昆虫，虽然不像蝉一样能发出声音，它们却属于蝉科。从远处看起来很像唾液的，其实是属于蝉科的唾椿象用于躲藏的摇篮——茧。因为唾椿象的茧很像泡沫，所以它也被称为沫椿象。沫椿象在幼虫时期生存在"唾液"里面，"唾液"可以保护幼虫的皮肤免受阳光的直射。以后，如果在树枝或者树叶上见到这种唾液状的东西，就扒开"唾液"看看，很有可能见到唾椿象噢。

为了寻找另一半
而叫个不停的蝉

叽—叽—叽—叽—叽—叽

叽融—叽融—叽融—叽融

　　一到夏天，蝉就开始叫起来。它通过迅速振动腹部的振动膜来发出声音。不同种类的蝉，叫声也不一样。翅膀上有毛的螗蜩从"唧唧唧"开始，又以"唧唧唧"来结束叫声。毛螗蜩长得很像毛蝉，但是它们的叫声很不一样。毛螗蜩会不停地"嘻伊嘻伊嘻伊"拼命地叫。还有一种蝉会发出类似机械发生故障时发出的声音，"嚅嚅嚅"，听到这种声音时，人们会下意识地观察一下周围是不是有出了故障的机器。

嘻—伊—嘻伊

嗷—嗷—嗷—啧—嗷—嗷—嗷—嘻—嗷

嗯—婴—突—嗡—嗯—婴—突—嗡

叫声最大的蚱蝉会发出"嚓嚅嚅"或者"唰唰"这种声音达20多秒。油蝉从"唧咕咕"开始，声音渐渐变得快而高，最后以"嗒咕嚅嚅"结束。鸣鸣蝉则从"咕"开始，以"咩咩咩咩"结束。比较常见的食蚜蝇会发出各种声音，从"嘻鸣——吡啾啾啾"开始，接着发出"唰唰——吡嘶吡哭吡哭吡哭吡哭吡"。

怎么样？如果蝉们聚在一起举行一场管弦音乐会，是不是觉得又烦人又好玩呢？

嘻—嗷—吡—嗷—吡

天空中的飞行者
——蜻科、蜓科

呵呵

真够努力的

古生代石炭纪登场的史前蜻蜓是地球上最早拥有翅膀的昆虫。蜻蜓不像蚊子或者蜂那样很迅速地挥动翅膀，反而像鸟儿一样乘着风快速飞行。

另外，由于蜻蜓的前翅膀和后翅膀可以各自挥动，因此能像蜂鸟一样进行悬停，也可以瞬间转换方向，所以要想抓住在空中盘旋的蜻蜓是件很困难的事情。飞行能力出众的蜻科、蜓科飞得特别快，但属于色蟌科的色蟌还以为

自己是蝴蝶呢，居然像蝴蝶一样在岸边悠闲地飞来飞去，停在岸边休息的时候，也像蝴蝶一样折叠起翅膀。长得像丝线一样纤细的丝蜻蛉科里有蜻蛉和珈蟌，轻盈地飞过小溪的黑色蜻蜓就是珈蟌，由于它比蜻蛉大很多，所以很容易让人混淆，误认为珈蟌是蜻蜓。蜻蛉的身躯比珈蟌更加纤细、苗条、娇小。东南亚有一种世界上最小的蜻蜓，它的长度约为18毫米。

蜻蜓和蜻蛉科的幼虫时期都是在水里度过的。在水中要比在外边的危险性小，食物也很丰富。蜻蜓的幼虫也叫水虿，水虿拥有像蜻蜓一样可以咀嚼东西的大下巴，主要捕食正颤蚓、蚊蠓、蚊科等昆虫的幼虫。像碧伟蜓一样的大型水虿会吃蝌蚪或者小鱼。

成为成虫之后的蜻蜓常常出没于水中进行猎食。以极速的飞行成功捕获猎物后，它便开始大口大口地吃起来。无论是小时候，还是长大之后，蜻蜓对于水边的生物来说都是非常可怕的捕食者。

蜻蜓的复眼是由1万~3万个单眼聚在一起形成的。因为这种独特的眼部结构，蜻蜓不仅可以看到上下左右的情况，甚至连后面都能看得到。

蜻蜓的复眼呈半圆形状，如果把这两个复眼贴在一起，就可以看到360度以内的事物。科学家们模仿蜻蜓眼睛的构造，制成了用于医疗的微型照相机。通过这种特殊的透视镜，医生可以观察到360度以内的病变情况。

蜻蜓&蜻蛉

　　怎样区分蜻蜓和蜻蛉呢？最简单的方法就是坐在那里，观察它们休息时的样子。我们通常能看到，蜻蜓停下来休息时，会像飞蛾一样把翅膀展开，保持水平状；但是蜻蛉休息的时候，会像蝴蝶一样将翅膀折叠成垂直状，把翅膀合在一起，整整齐齐地往上拉。其实比较翅膀的大小也能区分，蜻蜓前后翅膀的大小是不一样的；而蜻蛉的前翅膀和后翅膀的大小是一模一样的，因此蜻蛉将翅膀折叠起来时，乍一看很像一张翅膀。从头部也可以区分它们，蜻蜓的头上有两个复眼，这两个复眼是连在一起的；而蜻蛉的复眼是分开的。它们飞行的样子也不同，身躯较粗壮的蜻蜓飞行得非常快，身躯扁平而纤细的蜻蛉则飞得比较缓慢。

森林中的管弦乐队——蝗科

　　唧铃……是谁在演奏如此优美的旋律呢？它们就是森林中的管弦乐队，蚱蜢、大尖头蜢、蟋蟀、纺织娘。

　　蚱蜢的体色是草丛中常见的绿色或者褐色，所以不太显眼。生存在地面上的蒙古束颈蝗也是如此，由于翅膀的花纹和石头很像，所以如果不仔细看的话，就不太容易发现它。

　　蚱蜢是跳高高手。当它是幼虫的时候，因为没有翅膀，所以主要靠跳来移动。

　　身材苗条的大尖头蜢也像蚱蜢一样，在成为成虫之前是不能飞行的。

　　一到临近秋天的9月，中华蚱蜢就会变成拥有翅膀的成虫。嗒嗒嗒，飞行时发出声音的是雄中华蚱蜢，它主要通过这种方法告诉雌中华蚱蜢自己的位置。

　　摸摸大尖头蜢的后腿，就可以感觉到，它的后腿像是在捣东西一样。大尖头蜢的腿像火柴一样纤细，所以拥有由"大头"和"尖"合成的绰号。

纺织娘和蝈蝈的发音方式比较特别，它们通过摩擦左翅和右翅发出声音，就像拉小提琴一样。蟋蟀的发音截然相反。蟋蟀整天用温和的声音来引诱另一半，但是在认真发声的蟋蟀旁边往往还跟着一种"沉默不语"的蟋蟀，等一直在歌唱的雄蟋蟀引来雌蟋蟀后，"沉默不语"的蟋蟀就开始发出声音了，这样一来，被引诱来的雌蟋蟀就会误认为是后者一直在发声，所以从一开始就唱个不停的雄蟋蟀就会被这种"厚颜无耻"的蟋蟀抢走它的另一半。

如果雄蟋蟀发现周

大尖头蜢

唧铃

唧铃

蚱蜢

叽融 叽融

围有别的雄蟋蟀出现，就会用更大的声音来歌唱。就像老虎或者狗用撒尿来确立自己的领域范围一样，蟋蟀也用声音来确立自己的领域范围。

为了寻找爱情而歌唱，为了确立自己的领域而鸣叫……现在知道为什么蟋蟀整天都在叫个不停了吧？

蟋蟀

楔头蚤

喜欢水的水生昆虫

喜欢生活在水中的昆虫叫作水生昆虫。

水生昆虫里有属于甲虫类的龙虱、水龟虫、豉虫、沼梭甲等。

龙虱和水龟虫的身长有30~40毫米，算是比较大的

水龟虫

大田负蝽

负子蝽

一类。由于它们长相也很像，所以很难区分。但是仔细观察一下它们游动的样子，还是很容易区分的。龙虱像青蛙一样蛙泳，休息的时候也是把后腿往上抬起来，保持平衡。水龟虫会把腿交叉着自由泳。如果区分不清楚是日本吸盘龙虱还是水龟虫的时候，就把它们放进水里，观察一下它们的游泳方式吧。

大豉虫和龙虱相反，前腿长是它的特征。它的身长只

水龟

大田负蝽

中华螳蝎蝽

有3~7毫米，非常小。大豉虫利用像摩托艇螺旋桨一样的前腿画圈儿来制造旋涡。旋涡一旦形成，漂浮在周围的食物就会往中心靠近，便于捕获食物。

沼梭甲身长为3~4毫米，也非常小。它的特征是胸部比腹部更宽。

像刺客一样使用针的半翅目也在水里潜伏着呢。大田负蝽、负子蝽、蝎蝽、中华螳蝎蝽利用长长的嘴吸食小昆虫、蝌蚪、鱼、青蛙的体液。尤其是大田负蝽身长60毫米左右，非常大，甚至可以捕食大青蛙和大鱼。

仰蝽和水黾也是在水面上等待食物送上门的半翅目。仰蝽像仰泳一样躺着生存。它把空气集聚在腹端，所以身体会翻过来。水黾是水上的滑翔高手。水黾可以自由地行走在水面上，这是因为它的脚端具有含油成分的物质。如果水黾脚端的油耗尽了，它就会掉进水里。如果把水黾放进用洗洁剂稀释的水中，水黾也会掉进水里。

以幼虫的形态在水里度过漫长时间的昆虫是蜉蝣、石蛾、石蛉。这些都是生存在干净的水里的昆虫，其中石蛉只会在非常干净的1级水里生存。所以有石蛉生存的地方，

昆虫喜欢的水

　　非常干净的水叫作1级水。然后依次是2级水、3级水、4级水、5级水，等级越往下，就表示水越脏。到了5级以上的水污染区域，昆虫就很难生存了。因为氧气无法融进水里，昆虫们根本不能呼吸。

一定是环境保护得特别好的地域。石蛉可是检测水污染程度的"检测仪"呢。

那个，我们也是昆虫

有一种昆虫，眼睛
转来转去，等着
食物送上门

99

来。它就是森林中的捕食者——螳螂。

螳螂不会亲自动手捕获猎物，而是等待猎物自投罗网，就像蜘蛛结网"守株待兔"一样。当猎物走到跟前的时候，螳螂就用它那锯齿状的前足迅速地捕捉到猎物并吞食掉。

螳螂自幼虫时起，就开始捕猎小虫子。螳螂的幼虫属于不完全变态发育。从幼虫渐渐成长为成虫的螳螂学会了捕猎技术，成了真正的猎人，可以捕猎更大的虫子了。

螳螂一次能产150~400个卵，螳螂的卵产于卵鞘内，每个卵鞘里有数百个卵，雌性螳螂一次可以产4~5个卵鞘。卵鞘具有保温效果，能使螳螂卵温暖地度过冬天。在卵鞘内度过冬天后，春天到来的时候，这些卵将孵化成幼虫。但是螳螂进行交配的时候，也会有恐怖的事情发生。雌性螳螂交配后为了得到产卵时所需的养分，会残忍地将雄性螳螂吃掉。因此，雄性螳螂交配完后，必须竭尽全力逃生。万一它们在密闭的空间交配，雄性螳螂就很难逃出，结果只能被雌性螳螂吃掉。雌性螳螂的身躯一般比雄性螳螂大，而且比较强壮。

有一种昆虫被称为会走路的拐杖，样子既像拐杖又像

竹子，贴

在树枝上谁都看

不出来，这就是善于伪装

的竹节虫。竹节虫有很强的再生能力，

就算掉了一条腿，在下次蜕皮时还会长出来。生活在热

带的竹节虫中，也有一种长得很像树叶的树叶虫，树叶虫

跟树叶长得太像了，不仔细看很难区分。

　　有一种昆虫具有强烈的母爱，这就是蠼螋。蠼螋的尾

巴是一个夹子。蠼螋交配结束后，会在树叶上造一个房子

来照看产下的卵。这些卵对温度和湿度比较敏感，因此需

要放在阳光照不到的地方。蠼螋妈妈每天都会舔一舔卵，

用心照看着自己的孩子。到了下雨天，蠼螋妈妈就更忙

了，因为她要将卵移到雨淋不到的地方。

又得搬家了

　　蠼螋妈妈非常有耐心，即使搬很多次家，她也不会不耐烦的。

　　白蚁跟蚂蚁一样，是群居性昆虫。白蚁一般在木材里筑巢，所以会给古建筑或者文化遗产带来危害。但是实际上这也有人为管理不善的原因，古建筑一般通风效果比较好，不会潮湿。但是当我们这些后代进行整修时，采用的大多是水泥地板或塑料地板，水泥和塑料阻止了空气的流通，古建筑因此而受潮，就成了白蚁的栖息地。如果我们能妥善管理好古建筑，白蚁就会回到森林中去了。

　　说起又脏又恶心的虫子，你第一个想到的一定是蟑螂，蟑螂也是一种昆虫。但蟑螂本身是不脏的，所以也有人专门饲养蟑螂，当作食物享用。在印度和泰国，炒蟑螂或者油炸蟑螂是很有名的小吃。蟑螂从3亿年前的古生代一直生存到现在，是一种生命力很顽强的昆虫。如果不想看到蟑螂就得把家里打扫干净，因为蟑螂喜欢脏的地方。到这一段为止，基本上就已经介绍完了生活在我们周围的所有昆虫。

与昆虫相关的谚语

花儿香，才会有蝴蝶飞来

➡️ 商品品质好，才能吸引顾客的意思

癞蛤蟆吃苍蝇

➡️ 给什么吃什么的意思

跳了也是跳蚤

➡️ 跳蚤跳得再高也不引人注意，意思是就算自己觉得做得很好，也还是很不起眼

蚊子也是要脸的

➡️ 比喻一个人很无耻、厚脸皮

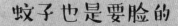

六月正是蚱蜢好时节

➡️ 比喻遇到好时机而欢快的人

104

蚂蚁能叼走洗衣盆

 蚂蚁可以用团体的力量拖动比自己重数百倍的东西，用来比喻不可能的事情也是可以发生的

像一个送葬的蟋蟀

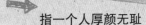 指一个人厚颜无耻

蛆从屋顶掉下来，是因为要变成蝉

 指虽然在别人眼里是绝望的，但实际上是为即将发生的大事做准备

马背上的东西能移到跳蚤背上吗

 指不能让一个能力不足的人去完成一项很艰难的任务

吃跳蚤的肝

 利用卑鄙的手段得到很小的利益

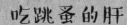

105

我们是地球村的同一个家族

在宇宙中，如果外星人看地球，可能会认为地球是以昆虫为主人的星球，因为昆虫是地球上数量最多的生物。

我们生活的周围到处都是昆虫。学校、游乐园、公园，还有每个人的家里，都有昆虫的存在。

庆幸的是，有些昆虫对人类的生活是有帮助的。人们用蚕吐出的茧丝制成衣服。吐完茧丝后剩下的蚕蛹，成了好吃的食物。

对人类有帮助的昆虫是益虫。最具代表性的益虫是蜜蜂和蝴蝶。蜜蜂和蝴蝶飞来飞去帮助花儿授粉，授粉就是将雄蕊上的花粉移到雌蕊的行为。这种昆虫叫作"花粉媒介虫"，花粉媒介虫能帮助植物结出果实。蜜蜂能为人类酿造蜂蜜。此外还有为医学做出贡献的果蝇，能当作药材

的金蝉（蝉的幼虫）等，这些都是益虫。

　　除了益虫，还有害虫。发出嗡嗡的声音，惹我们心烦的蚊子是害虫之王。当蚊子叮咬我们时，为了不让血液凝固，它会分泌出叫水蛭素的物质。因此被蚊子叮咬过的皮肤就会发痒。蚊子还会传染疟疾、黄热病、登革热等疾病。疟疾是地球上最悠久、最恐怖的疾病，蚊子的叮咬会使疟疾原虫进入人的血液从而使人感染疟疾。虽然人们已经开发出了治疗疟疾的药物，但最好还是不要被蚊子叮咬。

　　"啊！"厨房传来妈妈的尖叫声，好像是蟑螂跑出来了。蟑螂是出现在厨房打扰我们的害虫，经常在脏地方出没传染疾病。苍蝇也是如此，飞来飞去的苍蝇什么东西都要尝一尝，苍蝇把脚搓来搓去是在准备吃东西呢。从脏地方飞来的苍蝇，飞到我们饭桌的瞬间，我们的饭菜就已经被污染了。

　　像这些种类的害虫，我们很容易在周围找到。但是害虫的数量不到昆虫的5%。

　　根据不同的情况，昆虫有时候是益虫，有时候却是害虫。蜜蜂蜇我们的时候就是害虫。菜粉蝶在幼虫时期也是吃白菜叶子的害虫。益虫和害虫是根据对人类有无利益为标准划分的。其实昆虫本身是没有善良或恶毒之分的。从地球的生态来说，益虫和害虫都在维持生态界的平衡。

　　人类对昆虫来说是什么呢？是好人还是坏人呢？

最近，蜜蜂正在消失。虽然还没有找到明确的原因，人们推测可能是因为电器产品发出的电磁波或者有毒的杀虫剂导致的。

蜜蜂的数量占授粉昆虫的80％。如果蜜蜂完全消失，我们将无法种植水果、蔬菜等作物，而且不会做出人们喜爱的果味冰激凌。

虽然也有对我们有害的昆虫，但有益的昆虫还是占绝大多数的。昆虫是和我们一起生活在地球上的一家人。不可以因为它们小，长得和我们不一样，就欺负它们或者瞧不起它们噢。我们应该尊重和我们一样维持着地球生态平衡的生命体。

对昆虫的研究很重要

对人类有利的昆虫中，有一种叫作资源昆虫。

前面所说的能帮助我们吃到果实的花粉媒介虫，就是一种典型的资源昆虫。

能够清理动物尸体和排泄物的大红斑葬甲和隐翅虫也属于资源昆虫。它们分解动物尸体和排泄物，将自然界打扫得干干净净。

蜣螂也是珍贵的资源昆虫。如果没有它们及时地清理动物的粪便，草原将会被粪便覆盖，那么

不可以小看我

草就不能正常地生长。

昆虫对人类基因的基因组计划也做出了很大的贡献。最典型的就是喜欢飞到水果上的果蝇。在遗传学研究中发现，果蝇的体内含有70%能引起人类疾病的基因。

蜻蜓也是对研究飞行有帮助的资源昆虫。蜻蜓就像直升机，可以悬停，也可以瞬间改变方向，因此主要用于研究最先进的战斗机。而且蜻蜓的翅膀就算持续飞行也不会累，那是因为蜻蜓的身体与翅膀间有一种叫节肢弹性蛋白。人们从中得到启示，从而开发出了可以使用很久的人工关节。

各个领域都在对资源昆虫进行着研究。将来我们会从更多的昆虫身上得到对生活有用的启示。到那时候，我们的生活将会更加美好，也能从中体会到更多昆虫的优点。

们嗖！

要不要一起出发去采集昆虫啊

昆虫研究的第一步就是观察昆虫。让我们一起出发，去采集昆虫吧。

睁大眼睛在草丛里仔细找一找昆虫吧。当然，一开始不容易发现它们，因为很多昆虫拥有和周边颜色一样的保护色。但是当你开始仔细观察时，就会发现昆虫常常躲在树叶、花儿、树木中。这种采集法叫作观察采集法。

但是只凭借观察很难找到所有的昆虫，因为草丛中也

我也要努力研究才行

有看不见的昆虫。要想抓到躲在草丛中的昆虫，就得使用捕虫网。这种采集法叫作扫捕采集法。

还有一些用观察采集法和扫捕采集法都很难抓到的昆虫。这时候就得采用诱因采集法，主要用于采集喜欢树脂的昆虫。将香蕉或者蜂蜜粘在曾有树脂流过的地方，就会引来一些吃树脂的昆虫。当它们忙着吃的时候，就可以将它们捕获。

也可以使用陷阱，虽然这种方法有点卑鄙。陷阱采集法主要用于捕捉

夜行性昆虫。夜行性甲虫喜欢吃肉。在纸杯或者玻璃杯里放一些腐肉或糖蜜（将糖溶于葡萄酒制成），第二天早晨就会发现掉进杯子里的夜行性甲虫。它们忙着吃东西，杯子又太滑，所以很难逃出去。

也可以用灯光引诱夜行性昆虫。用光引诱昆虫的方法叫灯光诱集法。许多夜行性昆虫飞行的方向和月光或星光呈90度，因此在附近开一盏水银灯，它们就会以为是月光或星光，蜂拥而上。这种方法主要用于采集飞蛾、锹形虫、天牛等夜行性昆虫。有时候也会引来蜻蜓、绿色草蛉、蟋蟀、蝉、米象、隐翅虫。如果将灯光诱集法用于黑暗的地方或没有灯光的地方，效果会更好。

被采集的昆虫中，需要长时间观察的昆虫就要做成标本。把针扎进昆虫的中心固定在板中间，再放进干燥机或在室内进行干燥。无法进行干燥的幼虫，可以放进有酒精的瓶子里保管。这种标本叫液浸标本。

在观察昆虫的过程中，你会了解很多以前不知道的知识。而且你的好奇心和疑问会越来越多。当你把好奇心和疑问一个一个解决后，就会发现自己已经成了一位了不起的昆虫博士。

月亮出来啦

在家养昆虫

最近宠物虫很受欢迎。其中最受欢迎的是锹形虫和双叉犀金龟。因为它们容易饲养，而且需要的食物都很容易找到。

双叉犀金龟的幼虫主要吃落叶或树腐烂以后变成的腐叶土，去超市或者宠物店也能买到发酵木屑制成的宠物粮。幼虫对湿度比较敏感，所以需要经常用喷雾器给它洒水，这是幼虫变成成虫前需要做的事。森林中的成虫不吃腐叶土，而是吃树脂。在家饲养的时候，可以给它一些糖分多的水果或果冻，还可以给它放一些能翻动的树皮或玩具木头。

锹形虫的幼虫跟双叉犀金龟的幼虫不一样，不可以养在一个箱子里。因为它们会自相残杀。必须分开饲养。但是到了需要交配的时候，就得将一只雄的和两只雌的放在一起。如果放了好几只雄的，它们就会忙着打架而顾不上交配。

　　当它们成功交配后，就需要放一块用于产卵的产卵木。锹形虫常常在树上钻个洞，然后在里面产卵。这与在木屑垫料中产卵的双叉犀金龟不一样。

　　养宠物虫的乐趣在于通过观察记录虫子的一生，可以比较昆虫的多种生态过程。

　　从保护昆虫的角度来说，饲养昆虫也是很重要的。最典型的就是在黑夜中闪烁的萤火虫。

　　萤火虫本来生活在干净的河水里，却因为环境污染而达到了濒临灭绝的地步，昆虫学者就以饲养萤火虫的方法来保护萤火虫。萤火虫在水中主要吃螺蛳和田螺，所以在饲养萤火虫时还要饲养螺蛳。饲养箱中要有萤火虫幼虫变成蛹时所需要的陆地。还要使水保持不断地循环。当萤火虫数量达到一定程度时，就将它们放养到它们曾经消失的地方。这样一来我们又能在夜空中看到闪闪发光的萤火虫了。

和昆虫一起生活

像养狗养猫一样，养虫的家庭最近也越来越多了。

最受欢迎的宠物虫是锹形虫和双叉犀金龟。孩子们通过亲自养虫，可以观察虫子的一生，而且能体会到生命的珍贵。

随着人们对昆虫的关心，直接观察各种昆虫的机会也随之增多了。在博物馆里可以观察到各种昆虫，而平时仔细留意的话，也能发现我们周围生活着的昆虫。和爸爸妈妈出去散步，逛公园，郊游时，可以带个捕虫网，说不定能捉到蝴蝶和蜻蜓。下雨天蹲在地上耐心等待，就会有成群的蚂蚁从低处往高处搬家。

怎么样？昆虫是不是无处不在啊？

一起来保护濒临灭绝的昆虫吧

可以和我们做朋友的昆虫正在一个一个地消失。

在以往的秋天里，经常能看到的可爱的红蜻蜓，现在已经很难再见到了。

很常见的黑色萤火虫、蝼蛄，也正在慢慢消失。那么多昆虫，那么多种类，消失一种又有什么关系呢？有很多人这样想，但事情并不是那么简单。

地球上的现存动物中，昆虫占了80%以上，是维持生态平衡的重要角色。如果昆虫消失了，很多生物也很难生存下去。

为什么昆虫在消失呢？最大的原因就是昆虫栖息的自然环境遭到了破坏。垃圾越来越多，绿地越来越少。河水被工厂排出的废水污染，空气被机动车排出的废气污染。

自然环境的破坏不仅会对昆虫造成威胁，对人类也有同样的威胁。

昆虫正在消失，这是对我们的一种警告。昆虫无法生活的地球，人类也是无法生活的。

为了改善环境，我们首先要改善自我。"不差我一个人！"这种想法是要不得的。我们应该从我做起，保护环境，保护大自然。

　　改善环境很容易吗？当然不会很容易，所以要努力。

　　减少农药或者用有机肥料可以改善土壤，可以为栖息在农作物中的昆虫提供新的家园。这样一来昆虫的种类和数量就会变多，自然界就会恢复活力。

　　给昆虫提供新家园就是保护环境的第一步。就像为了萤火虫的生存去改善小溪水的环境一样。

　　请小朋友记住，爱护昆虫就是爱护大自然。关心昆虫，保护好环境，我们就可以重建昆虫和人类健康生活的新家园。让我们一起保护昆虫吧！

图书在版编目（CIP）数据

昆虫，我们离不开你 / （韩）韩永植著 ； 千太阳译.
-- 长春：吉林科学技术出版社，2020.1
（科学全知道系列）
ISBN 978-7-5578-5043-2

Ⅰ. ①昆… Ⅱ. ①韩… ②千… Ⅲ. ①昆虫—青少年
读物 Ⅳ. ①Q96-49

中国版本图书馆CIP数据核字（2018）第187576号

吉林省版权局著作合同登记号：
图字　07-2016-4721

昆虫，我们离不开你 KUNCHONG, WOMEN LIBUKAI NI

著　　　[韩]韩永植
绘　　　[韩]韩相言
译　　　千太阳
出 版 人　李　梁
责任编辑　潘竞翔　郭　廓
封面设计　长春美印图文设计有限公司
制　　版　长春美印图文设计有限公司
幅面尺寸　167 mm×235 mm
字　　数　70千字
印　　张　8
印　　数　1-6 000册
版　　次　2020年1月第1版
印　　次　2020年1月第1次印刷

出　　版　吉林科学技术出版社
发　　行　吉林科学技术出版社
地　　址　长春市净月区福祉大路5788号出版大厦A座
邮　　编　130118
发行部电话 / 传真　0431-81629529　81629530　81629531
　　　　　　　　　　　　　81629532　81629533　81629534
储运部电话　0431-86059116
编辑部电话　0431-81629520
印　　刷　长春新华印刷集团有限公司

书　　号　ISBN 978-7-5578-5043-2
定　　价　39.90元
如有印装质量问题　可寄出版社调换
版权所有　翻印必究